古民芸
下出

110

ユキ・パリス

ずっと もの探し

Unending Hunt

文化出版局

目次

Part 2

使う

Part 3

心を潤す

写真
鈴木 心

1ページ コペンハーゲンの自宅キッチンで、花を低く調えている。
2〜3ページ 京都・伏見で開かれた「京都大骨董祭」会場で。年に三回開催される市は、全国各地から業者が集まる大規模な催し。
4ページ デンマークを代表する画家の一人、ハンマースホイの作品の前で。オードロップゴー美術館にて。

はじめに

骨董仲間の一人がもの探しに出かける際、「自分を探しに行ってきます」と、家の人に声をかけて外出する、という話を聞きました。なるほど、ものを見ている時や買う時、また、選んだものを幾つかまとめて見ると、自分の目線や嗜好、考えや性格などにあらためて気づかされることがあります。また、自分がなぜ今、ものと深くかかわっているのか？ その理由や成行きに合点がいくときもあります。

〝王家の谷〟でツタンカーメンの墓を発見した、探検家カーターと資金援助者のカーナボン卿。長い探索の末、ついに王の部屋にたどり着いた時のこと、卿の「何か見えるか？」の問いに、すきまから中をのぞくカーターが答えます。「暗くてよくわからないが、なんだかキラキラしている」と。歴史的な発見の瞬間でした。

私の探し出すものは、そんな財宝秘宝ではありませんが、私とものとの、出会いや思いをつづったこの本を通じて、二人が感じた高揚感のようなもの、好みのものやご自身を発見する喜びなどを、わずかでも感じていただければ、この上ない幸せです。

左ページ 京都のショップ内で、ユキ・パリスさん。訪れる人の目線を配慮しながら、それぞれの品々が最も引き立つような空間作りに、絶えず心を配る。また、さりげない季節感を演出したいと、要所要所にみずみずしい花や緑を取り入れている。

京都の自宅リビングで、パソコンに向かう夫のティムさんと。かつては和室だったが、天井の化粧板を外し、押入れも取り払い、梁が見える白壁の広々とした空間に変身させた。大きなテーブルがすんなりと収まって、昼間の大半を過ごす心地よい場となっている。

Kyoto

京都での暮し

振り向けば手が届く。台所のレイアウトは、私が考えました

デンマークに移り、私の最初の住まいとなったのは、2DKと狭いながらも、快適な暮しのための工夫があちこちに感じられるフラットでした。以来、何度かの引越しで住まいも台所も少しは広くなりましたが、2001年京都の実家に一年の半分を住まうことに決め、再び狭い台所に逆戻りすることになりました。その改築には、デンマークで学んだこと、多くの情報や気に入った写真を切り抜いて作ったスクラップブックなどを参考にして考えを膨らませ、レイアウトや、壁や床、キャビネットなどの素材や色を決めていきました。まず、キッチンユニットは、限られた場所を有効に使い、凸凹をなくして面やラインをそろえすっきりとさせるために、排気ダクトも含めてすべてを作りつけてもらうことにし、小料理屋の調理台や配膳台を頭に浮かべて平行に配置しました。またいろいろな空間利用のための便利グッズは、見える所であれこれ使うとかえって煩雑になり逆効果なので避けました。ただ洗いかごは置く場所がないために、折畳み式のシンプルなスチール製の棚を選び、壁に取りつけました。洗い物はこの棚で水をきり、拭いてすぐ後ろの収納棚に戻します。洗った野菜の水きりもこの棚を利用します。あれもこれもと欲張らずに吟味して選んだものを使い回す、狭いスペースに住まうための基本ルールも守りました。

左ページ上右　フライ返しやお玉などキッチンツールをステンレスのバーに下げ、その横に並べた折畳み式の棚も、大活躍する。上左　つり戸棚もカウンターの木部の色も、飴色で統一。下右　キッチンカウンターとの間は、ユキさんに合うサイズに設定した。下左　アイランドカウンターの反対側は、必要なものがすぐに取り出せるようにオープン棚になっている。

京都で広がった、〝私の場所〟

私は画家でも工芸家でも建築家でもデザイナーでもなく、ものを作り出すことを生業《なりわい》としているわけではありません。それでも、人が作ったものを見るのが好きで、長年、フリーランスで展覧会を企画したり、買付けを手伝ったりと、いつもものを見、選ぶことにかかわってきました。

そして、京都の実家が空いたのを機に改築して、コンパクトに住まいを整え、別棟には、手もとに集まった時代や国もバラバラな美術品や焼き物、金工、ガラスや染織品などを販売し、欧州の古い糸と針の手仕事の蒐集品を見せる場、「ユキ・パリスコレクション」を作りました。

世の中のいろいろな職業の中で、私には、骨董店の主人でなく、人を助け、世のために尽くす仕事や、研究者など真理を追究する仕事、また、アルチザンなどものを作り出す仕事が合っているのではないかと思ってきたふしがあります。それでも、店をオープンするともの探しが加速し、美しいもの、優れたものに出会える機会や、その思いや考えを他の人と共有できる喜びが増え、この仕事もまんざら悪くはない、と思えるようになりました。

左ページ　ショップの2階が、ミュージアム。30年以上にわたり蒐集した、古いヨーロッパの手仕事の数々が展示されている。約3000点あまりのコレクションを、年に3回、企画展で展覧する。写真は、南スウェーデンの女性のよそゆき着と、手織りのエプロン、レース編みの衿飾り各種の展示。

ひそかにあこがれた職業は、造園家。思いを入れ込んだ、私の庭作り

実は、私が今もひそかにあこがれ、なりたい職業の一つに造園家、中でも特に個人の庭園の設計に携わるというのがあります。そんなこともあり、京都の家の改築に伴った庭作りの際には、誰に遠慮することなく、私の考え、思いを入れ込んだ簡単な図面を自分で描きました。といっても自由なさら地からの庭作りと違い、約80坪という決して広くない変形な敷地に2棟の古い木造家屋が建ち、そのために庭は小さく三つに分断されています。そのそれぞれの庭に樹齢100年近い木が何本もあり、日照も限られています。しかし、三つに分かれた庭も、考えようによっては変化に富んだ景観が作れるようにも思えました。また、古い樹木も、ゆったりと風格あるたたずまいを見せてくれます。私はこれらの木々を残して、「作り込まず自然で、一年を通じて明るい緑があり、和でも洋でもなく、あまり手間もかからない」、そんな庭作りを目指しました。そして私が何より心を砕いたのが、狭い庭をできる限り広く伸びやかな気分にしてくれるような場所にすることでした。こんな考えに導き出された答えが、庭を家の外に続く三つの緑の部屋、空間に仕立てるというものでした。

家から眺めても庭にいても広がりを感じることができ、かつて花の好きな母が所狭しと植えた何種類もの花が春に乱れ咲く庭は、すっかり生まれ変わりました。

左ページ　和洋どちらの植物にも合うように城陽砂利を敷き、自然石で土止めされた築山には、木々の下に花にらが揺れる。季節によって、いかり草やクリスマスローズなどの花姿が楽しめる。

Part 1 装う

装いは、肌映りがよく、すっきりと人物を際立たせてくれる白や黒など無彩色系のものが多いのですが、色や柄に頼らないシンプルな装いを豊かなものにするために、味や力のある素材選びを心がけています。

コペンハーゲンの自宅の玄関で、室内履きから靴に履き替える。

大きなアクセサリー

mega accessories

大きなアクセサリー *mega accessories*

私はビンテージの洋服の愛好者です。実際クローゼットを開けて見てみると、ジャケットなどは半分くらいがビンテージかもしれません。決して安いとはいえないものもありますが、その魅力に抗しがたく今日に至っています。どこにもないような自分だけの装いができ、わかる人だけがわかるという自己満足度の高いものかもしれません。そして何より、最高の原毛を手で紡いで織ったハリスツイードやドスキンの艶や深みあるジャケット、ウールの王様、ビキューナのコート……「当時はこんなものも作っていたのか」と感激するほどの生地でしっかり仕立てられ、それが身に合えば、もうシンデレラのガラスの靴のように感涙ものです。欧米では装いにも自らのアイデンティティーを表現し、思想や社会的位置、属性を伝えます。スタイルを確立するとはそういうものだと彼らは思っています。私の場合、和と洋二つの文化を往来し、職業も新旧のアートや工芸にかかわる仕事に携わってきました。そんな私がいちばん自分らしいと感じ、人も私だと認めてくれるのが「どこかクラシックで、どこかモダン」というスタイルです。基本的にビンテージの服はクラシックです。これに、意識して古さを感じさせないようモダンな味つけをします。その大役を担ってくれるのが、アクセサリーと時々買い足す最新の洋服です。特にアクセサリーは中途半端なものではなく、思い切り大きなサイズで、モダンなデザインのものを選びます。素材も洋服に負けない角《つの》や黒檀、シルバーや象牙、鼈甲《べっこう》、水晶など、しっかりとした存在感あるものでバランスをとるようにしています。ある日、モダンアートの展覧会場で、知らない男性が遠くから私のブレスレットを見つけ近づいてきて、「ソレ、イイデスネ」と反応してくれました。モダンアートを見ていた目が遠くから認めてくれた、大きくモダンなアクセサリーです。

前の見開きの写真・右ページ　水牛の角のブレスレットをつけて。左ページ　上から時計回りに、緑青を出した、銅の手作りブレスレット、一九八〇年代。象牙のブレスレット、一九三〇年ごろ。透明と半透明アクリルのブレスレット、一九八〇年代。濃い色の鼈甲に金を象嵌したブローチは、一八〇〇年代末、イギリス。その下はジェット石のブローチ、一九〇〇年代初期。中央は黒檀のブレスレット、その左は、右ページと同じもの。共に国際的に知られたアクセサリーデザイナー、グレタ・リュンゴードの作品、一九〇〇年代末。ネックレスは、面取りして磨かれたロッククリスタル（水晶）。

小ぶりのバッグ

size

小ぶりのバッグ *size*

世の中の多くの女性がバッグ好きというのなら、私は他人のバッグはしっかり見るくせに自分のものには正直、あまり興味がないという、女の風上にも置けないような人間です。といっても靴同様、バッグもなしですませるというわけにはいきません。それで同じ持つならやはり、「自分らしいもの」を、と思っています。しかし、私の普段使いのバッグは、せいぜいが、軽くて柔らかく、収容量があり、カーキや黒などの自然色や無彩色という程度の、どちらかというと機能重視型のものです。ところが、そんな私も夜や昼間のパーティ用には、華やかで非日常的な雰囲気に負けないくらいの、少々主張の強い、実用より外見を優先した選択をします。そして私のパーティ用の服は黒やベージュが基本ですが、バッグも華やかな色や豪華なものでなく、服と同系の色にして、素材のおもしろさによって華や存在感を出すようにしています。前のページの四つのバッグも、イギリスやスウェーデンのビンテージのファッショングッズを扱うお店で見つけたものです。佐賀錦《さがにしき》など日本の優しい印象のバッグに比べ、西洋の古いパーティバッグの中には鼈甲や爬虫類《はちゅうるい》、鮫皮《さめがわ》など個性的でインパクトある、おもしろいものが見つかります。四点のバッグも黒のオーストリッチ以外、染めではなく、革の持つおもしろみを生かした自然のままの色です。デザインも手の込んだ装飾などを排し、素材そのものを見せるシンプルなもの。しかも四つともサイズは小ぶりです。このような、素材に存在感あるものは、小さいサイズが嫌みなく、悪目立ちせず、アクセントとして適量ではないでしょうか。日本でも西洋でも珍しいものを好む骨董の世界では、豆皿など器に限らず、古いバッグや籠なども、規格外の特殊サイズのものは普通の中間サイズより珍しく、たいへん人気があり、値段も高いのが通常です。しかし、せっかくのハレの場所ですから私は、やはり、サイズも素材も特別なものを持ち、気分も日常と切りかえています。

前の見開きの写真・右ページ　夏に活躍する自然なベージュ色のオーストリッチのバッグ。クロームの取っ手は下に倒して抱えクラッチバッグにも。一九五〇年代、イギリス製。
左ページ　左上から時計回りに、黒に染めたオーストリッチのバッグ。一九五〇年代、イギリス製。右ページと同じバッグ。ベージュと黒の斑紋のある蛇皮のバッグ。口のとめ具や取っ手のつけ方もおもしろい。一九五〇年代、フランス製。メタルも何も使わずに、縞模様のとかげ皮の持ち味を最大限に生かしたバッグ（二一×一三センチ）。一九三〇年ごろのアール・デコ期のもの、イギリス製。

日本の帯

sash

日本の帯　*sash*

京都には毎月、弘法さん、天神さんと呼ばれる市が立ち、植木から骨董、食料品まで、ありとあらゆるものが広い社寺の境内を埋め尽くします。今また、一年の半分を京都に住まうようになり、再び、早起きして弘法さん、天神さん通いを始めました。骨董は年々、品薄になってきていますが、需要が増えたせいもあるのでしょう、古い着物を扱う業者さんが増え、着物の数も半端ではありません。見やすいようにディスプレーなどしてあるわけでなく、大抵は畳んだままドンと積み上げられています。そんな中からコレッと思うものを探すのは経験や勘も要りますが、まず、自分の好みのものを持っていそうなお店を見定めることが大切です。初級者なら、プロらしき人たちが真剣な目つき、顔つきで集まっている店を探すのも一つの手です。そして、着物に限らず何でもそうですが、いいものにはほかと違う突出した力があり、私も布の重なりの中にそんな力あるものを見ようとします。着物の場合、私は基本的に、色は一見地味な自然の色で、モダンにも通じる昔ながらの柄を紬糸などで手織りしたものに惹かれます。そんな着物を探し、また、それで帯を作ったりもしますが、帯選びは帯の重要性を考え、強い色柄、仕事のおもしろいもの、重厚なものなど様々な視点が必要となります。よく見ると、高度な日本の染織技術を集約しつつ、多様に彩られた、手の込んだものも見つかります。前のカラーページの大胆でシンプルにデザインされた帯二本も、市で見つけたものです。透ける布を寄せ、リボン糸をねじり、折り曲げるなど、素材を熟知してこまやかに計算した巧みな表現に感心し、日本の手仕事の参考にと求めました。大島紬に合わせた帯は、やはり骨董市で見つけて仕立て直したものです。色柄、仕事共にたいへんすばらしく心惹かれましたが、残念ながら大きな汚れが数か所あり、そのため値段は格安でした。その汚れの部分は柄を考え工夫して切り外し、裏地を選び、芯も入れ替えて仕立ててもらいました。見違えるようによみがえった帯を見て、こうした仕立て直しを可能にした、着物の直線裁ちの長所を、あらためて認識したものです。


前の見開きの写真・右ページ　桐の花と葉を琳派風にデザインし、筆のかすれや重なりを表現した、西陣織の帯。

左ページ　右は、シルクジョーゼットを葉脈のようにランダムに寄せてアップリケし、黒地に金箔を摺り込んだ革をさらに重ねた帯。

左の一本は、それより少し古いものだろう。生なりの繻子地にあざみの花を描いたもの。リボン糸をよじって花弁の重なりを、糸を折り曲げて刺して葉を、表現している。

縞と格子

unsophisticated

縞と格子 *unsophisticated*

若いころから私は、骨董屋だけでなく古書店にも時々出かけていました。一般書店にはない本が見つかり、今も古書店の本棚を前にすると、知識や興味ある世界が無限に詰まった宝庫を開けるような期待感に、ワクワクします。そんな若い日に、京都の町家風なたたずまいの美術書を扱う古書店で、ご主人から一冊の古い縞帳を見せられました。木綿や麻を手で紡ぎ、手織りした藍や茶色の自然な色の千筋、万筋、よろけ縞、子持ち縞等の様々な縞と、同じように多様な格子の小さな端布を集めてはりつけた、とじ本です。学生の身には残念ながら手の届く値段ではなかったのですが、どこか懐かしいのにとてもモダンで、シンプルなのに味わい深い、縞や格子の美しさに、魅了されました。デンマークに移り住んでからも、美術館や博物館、コレクターから、また書籍を通して、今も広く愛されている北欧や他の国々の、古い縞、格子布を多く見ました。縞や格子は無地の次に登場した、複雑な技法などの要らないごくシンプルで初歩的な模様です。北欧や他の国でも、衣類なら日常着や労働着、そして日々の生活に密着した寝具やリネン類などに使われてきました。私の見た縞帳も、名物裂《めいぶつぎれ》や絹の立派な縞、格子と違い、無位、無名の一般女性が織ったものでした。芸術などを目指すのではなく、ただ、自分や家族のため、または仕事としてひたすら無心に織った、いさぎよいほどに簡潔な模様です。時代も国も文化も超えて、共通の言語のように皆に通じる意匠です。ところが近年の縞、格子の着物の中に時々、複雑で凝ったものを織ろうとして飛び柄などを入れたものもありますが、それを見ると全く別物に触れる思いです。古今の美学、哲学者たちがいうところの、無作為の美しさがなくなるのでしょう。また、グローバル性や普遍性も失われ、外国で使う場合もうまくなじんでくれません。私は今も飽きることなく、シンプルな縞、格子を愛し、簡潔な模様を味わい深いものとしている織りの手仕事に、深く敬服し続けています。

英語の副題の〝unsophisticated〟は、この場合〝複雑ではない〟とか〝凝っていない〟という意味で、柳宗悦が民芸を語るのにもつかった言葉。

前の見開きの写真・右ページ　桐の火鉢に並べた、縞や格子の端裂。左ページ　私のショップの奥の部屋にある布の棚。江戸時代後期～昭和初期の近江上布や越後上布、八重山上布、久留米絣などの着物や、着物をほどいた生地が並ぶ。藍や茶の自然な色の麻や木綿の手紡ぎ、手織りの縞や格子が主で、絣ならせいぜいが細かい蚊絣か亀甲柄。絹なら紬のものが多い。

浴衣

composition

浴衣 *composition*

浴衣と聞いて、一番に私の頭に浮かぶのが日本の近代絵画の巨匠、黒田清輝画伯の油絵「湖畔」の浴衣です。美人の誉れ高くこの絵のモデルとなった清輝夫人がゆったりと着ているのが、水色の地に流水模様のようなよろけた白い筋が幾筋も浮かぶ、たいそう涼しげで清潔な印象の浴衣です。夏を日本で過ごすことがなくなって久しい私の今の生活では、浴衣を着る機会も残念ながらないのですが、それでも夏が近づくとやはり浴衣が気になるのは日本人のＤＮＡでしょうか？浴衣の構図やデザイン、色や仕事などを呉服屋の店先、着物のオークション、骨董祭などでついつい見てしまいます。そして、よいものが見つかると買い求めたりします。夏前のあるオークションの下見会で、着物がたくさん入った箱の中にさわやかな印象の浴衣を見つけました。あの「湖畔」と同じような水色の地に、構図やデザインのよい竹模様が藍で染め出された、さわやかですがすがしい浴衣でした。一見、無地の甕《かめ》覗《のぞ》き（薄い藍の水色）に見えた地の色も、よく見ると、白糸と水色に先染めされた糸が小さな格子状に織られた生地で、一手間かかった質の高いものです。箱全部まとめて買った業者さんからその浴衣一枚だけを譲ってもらいました。それが私のお客さまに買われ、今度は、その浴衣を見たお姉さまから「私にも」と浴衣探しの依頼を受けました。そして「これ！」と思う浴衣にようやく出会えたのが、前のカラーページの浴衣です。縫取り絞りで生地の白を残した白い大きな朝顔と、細かい鹿の子絞りの藍色の大きな朝顔が、水色の絞りの背景に大胆に配置されている構図です。ほかの色を混ぜず藍の濃淡だけでめりはりを効かせた巧みな意匠や、計算された大小の絞りの効果がこの浴衣をさわやかで特別なものにしています。晴れやかに美しいお姉さまにお似合いになるのが、想像できました。もともと、緻密な仕事でただべったりと埋め尽くしたものより、構図は大胆で仕事は丁寧というのが私の好みです。もし、機会があるなら私も着たいと思った、二枚の浴衣です。

前の見開きの写真・右ページ　異なる二様の技法で染め分けた、朝顔の花弁が隣り合う部分の拡大。
左ページ　絞りで有名な有松産の本藍の浴衣。たぶん戦後のものだろう。

縞
simple

縞
simple

国の玄関口ともいえる国際線の飛行場。お国柄が最初に感じられる所でもあり、到着すると私は、人々だけでなく建物から案内標識のあれこれまで見回して、まず、その国のことをいろいろと想像します。一九七〇年代のコペンハーゲンの飛行場は、ホールの天井が青緑に綺麗な朱赤をアクセントカラーにした、私の色相にはない独特な色で塗られ、通路の白い壁面には、広告パネルが計算しつくされたように規則正しく余白を持たせて並び、その整然とした様子に感心させられたのを覚えています。そんなパネルの一つにデンマーク家具の広告がありました。英語で「シンプル　イズ　ベスト」と書かれた文字に、形や線と木肌の美しいいすの写真のみで、デザインもたいへんシンプルな印象深いものでした。そしてこの国の、公共の場所への美的な配慮を感じたものです。やがて私は、デンマークが、シンプルなデザイン、そして無駄なものをそぎ落としたミニマムでクオリティの高いものを評価する文化や美意識を持つ国であることを、知るようになりました。前のページはデンマークで使われていた古い手織りの寝具用布です。縞は、無地の次に生まれたいちばん原始的で、世界中どこでも見られるシンプルな布装飾です。飽きることなく多くの地域で人々に愛され続け、今も新鮮でモダンな普遍的な柄です。日本でも昔から縞や格子の美しい布は多く作られ、それらを見ていた私は、このデンマークの縞に初めて出会った時も、その単純な柄の布に自然に惹かれました。しかし、布に限らず、シンプルなものの多くはすっきりと美しいのですが、ごまかしがきかないだけに、気をつけないと、ただの簡素で単調な、つまらないものになるおそれもあります。その点を注意して、私はたくさんある縞の中から、縞の太さ、間隔、糸や染料の素材、織りの組織、手織りかどうかなどをチェックして、シンプルな中にも豊かで、趣を感じるような縞を選びました。そうして集めた縞布は、ミックスしてクッションに仕立ててもうるさくならず、互いを引き立て合うように思えます。

前の見開きの写真・右ページ　シンプルでモダン、豊かな趣のある縞布を、昔の人にならい、クッションに仕立てた。
左ページ　一八〇〇年代中期〜後期のデンマーク製の縞布。糸の素材は大麻、織り組織は杉綾や綾織りで、羽毛が出ないようたいへん密に織られている。このような縞の寝具用布は、スウェーデンやフランスほかでも使われた。

鼈甲の
カードケース

enthraled

鼈甲のカードケース *enthraled*

デンマークの王立工芸博物館には、一人のコレクターが収集し、遺言により館に寄贈された、世界一、二といわれる日本の鍔《つば》のコレクションが収蔵されています。日本の金工の巧みな技や意匠に感嘆すると同時に、これほど高い質の蒐集が一〇〇年近く前に、日本に行かず、北ヨーロッパだけで可能だったことにも驚かされます。遠く遥かな国より、珍しく貴重なものを持ち帰った人たちや、それを集めた人たちの情熱や行動力にはある意味で脱帽です。日本からは仏像や陶磁器、浮世絵など数々の美術工芸品がヨーロッパに渡来していますが、ハンディーでその小さなサイズの中に豊かな世界が凝縮されている鍔や印籠《いんろう》、根付けなどに、コレクターたちが強く魅了されたのは充分に理解できます。私もいろいろなものに心惹かれますが、ただ好きだから、また、旅の思い出にと安易に集めたりすると、住まいはおもちゃ箱のようになりかねません。それで心惹かれて集めたいものは私なりの基準を設け、的を絞って選ぶようにしています。前のページの鼈甲の名刺入れは、ロンドンの骨董屋で求めたものです。鼈甲や象牙などの素材に彫りや金銀の象嵌《ぞうがん》、蒔絵などの美しい手仕事を施した細工物は世界のあちこちで作られ、コレクターも多くいます。私は、まず、ヨーロッパと日本のものに地域を限定し、また、整理、保管がしやすいよう、茶箱など大きなものには近寄らず、小さなサイズの（しかし、カワイイ！少女的なものには目を背け）質の高い、願わくばできるだけ古いものを……と選んだ小さなケース類やボタン、櫛、笄《こうがい》などが一つ、二つと増えていきました。そうして集まったものは、決してバラバラに置かず、のせる台や入れるケース、置く場所も念入りに選んで、一つのまとまった集合体として、生活空間の中に整然としたアクセントを作るようにしています。そうすると家族や客人たちも眺め楽しんでくれるようで、この「できるだけ多くの人が楽しめるもの」という点も、私が気をつけていることの一つです。

前の見開きの写真・右ページ　タイピン各種。一九世紀初期から二〇世紀初期のイギリスやフランス製。cravat（クラバット）と呼ばれる幅広のボータイを結び、このようなピンでとめた。
左ページ　日本の根木（ねぼく）の花台にまとめた小さなものたち。中央の名刺入れは、鼈甲に真珠母貝、銀を象嵌し、その上に毛彫りで細い線模様を描いた、一九世紀中期のフランス製。左は、樹皮に金、銀で高蒔絵を施したたばこ入れ。明治から大正ごろの日本製。右は、金彩模様のあるクリスタルの香水入れ。一九世紀初期から中期のボヘミア製。

ブロンズの写真立て

patina

ブロンズの写真立て　*patina*

コペンハーゲンの旧市街の、一七世紀の由緒ある建物の最上階に住む友人のお母さまを訪ねたときのことです。家具調度を一つ一つ指さし、「これは何時代のもの」「これはいつの誰のもの」と室内を案内してくれ、自分も着たという彼女のお母さまの古い婚礼衣装まで見せてくれました。そして、「あなたの家系はいつまでさかのぼれますか」と質問されました。ヨーロッパに住まいしたり、旅をすると、人々が古いもの、歴史あるものを心底大切にしているのを痛感します。また、彼らはものについて語るとき、パチナ（patina）という言葉をよくつかいます。もともとはキリスト教の聖餐式で拝領するパンを載せたブロンズ製の皿のことですが、この皿に自然についた青錆、緑青、古色をいつしかパチナと呼ぶようになり、そして、パチナのついた古いものを「美しく、価値あるもの」として尊重するようになりました。その結果昔から、彫刻家たちはブロンズに薬品処理をしたり、彫ったばかりのカメオを鶏の砂嚢に入れて艶とまろやかさを出したり、油絵にはヒビを入れたりして人為的なパチナをつけ、歴史や時代を出そうとさえしています。私はものを見る際、古いものは「表面には自然なパチナの艶や深みがありながら古くさくなく、新鮮な趣のあるもの」、新しいものは「一時的なものではなく、時の流れに左右されず、いつまでも心に響いてくれるもの」という点にも注意を払います。前のカラーページの写真立ては、日本の影響を受けたアール・ヌーボー期のスウェーデンのものです。一枚のブロンズ板に大きな梅の花を、余白を持たせて一輪、裏からたたき出しています。一〇〇年の時を経てパチナがつき、しかも、その大胆な構図や丁寧な仕事ぶりは新鮮です。また、余白の持たせ方、非対称のバランスなど、このジャポニズムの色濃い写真立ては、日本人の私の遠い記憶を呼び起こすような、懐かしさを感じさせてくれました。そしてモダンな空間、古い空間、どちらに置いても時を超えて、心に響いてくるのです。

前の見開きの写真・右ページ　アンモナイトの化石。長い年月で変化を遂げ、時の流れを象徴しながら、モダンさをもたたえる存在。左ページ　青銅（ブロンズ）の写真立て。中心から外れた位置に、写真を入れる窓をとり、その窓に一部切り取られた姿で、一輪の大きな梅の花を浮き彫りにした。スウェーデンのマルモの骨董屋で、手を伸ばしたもの。中の写真は、二十歳の時の一枚。その横のアール・デコのブロンズのキャンドルスタンドと共に、丁寧な仕事ぶりが見てとれる。両方とも作者の刻印がある。また、大切に使われて自然な丸みや艶のある古色が表面に出ている。

Copenhagen
コペンハーゲンでの暮し

高低差の全くない街は、自転車での移動が便利で楽しい。自宅近くのソートダム湖のほとりを散策する夫妻。

奥のフラワーポットは、中国清朝初期のもの。手前右の大鉢は、ロイヤル コペンハーゲン製の炻器。左は、バウハウスの白磁の水差し。多彩な珊瑚は、自然の造形に惹かれて集めた。

テーブルに古い麻の手織り布をかぶせれば、コレクションの展示スペースに。時には、訪れる友人たちをもてなす部屋にするなど、多目的に活用。奥は、ティムさんの書斎。

右ページ リビングの一画にしつらえた、客用の食卓。左ページ ベッドルーム。夫の両親から譲り受けたベッドに、フランスの麻の古布でこしらえたベッドカバーをかけて。ヨーロッパやインドの古布を利用して、自ら仕立てたクッションは、部屋にアクセントを添える。

窓辺や部屋のコーナーを、多彩なガラスや工芸品で調える。窓辺には、光を柔らかに通す半透明のガラスを選び、金彩の工芸品と組ませて、シャープなクリスタルを並べるなど、小さなスペースにも特徴を持たせた演出が、ユキさん流。下左は、蚤の市で見つけた取っ手など。いずれ自宅のバスルームに取りつける予定。家の細部を、時間をかけ、好みのもので調えていく醍醐味を、ヨーロッパの人々から学んだという。

友人のサマーハウスで。右が、持ち主のリス・ソーローさん。左がイエテ・ウィズさん。もう一組の夫妻と合わせ4組を"ザ・グループ"と称して、交流を続けている。生き方や美意識を刺激し合った、かけがえのない友人だ。

懐の深い街、コペンハーゲン

のんびりと京都ばかりに暮らしていて、日本の他の街もよく知らないでいた私は、結婚を機に京都を離れ、海外に住むことになりました。私と、当時まだ婚約者であった主人は、京都からいきなりコペンハーゲンにランディングせず、回り道をすることにしました。船と飛行機を乗り継いでモスクワに到着し、そこから汽車でパリの北駅に降り立ったのが、私にとってヨーロッパの最初の一歩でした。このパリで中古のシトロエン2CVを購入し、最終目的地のコペンハーゲンに着くまでの2か月余り、ヨーロッパの幾つもの街を旅して回りました。

音や匂いや雰囲気など、見知らぬ土地を訪れて受ける印象は、人それぞれに違うのでしょうが、私の場合は街のたたずまいや光と影、建物の色や形、質感など、絵を見ているような感覚を覚えたものです。また、それらが記憶の中の西洋絵画や映画のシーンと重なることもありました。秋の光がまだ至る所で明るく輝いていた旅も、闇の深い冬のコペンハーゲンにたどり着いて終りを告げました。この旅は私に、美しいものや優れたものが、見る喜びや感動を与えてくれるということを、あらためて教えてくれました。

左ページ上 自宅近くのサンクトハンス通りで。お気に入りの骨董店が点在する一画だ。下 夏になると毎週土曜日に開かれる、イスラエル広場の蚤の市で。自宅からも近いので、時間があれば足を運ぶ。

Sankt Hans Gade
8-2

　コペンハーゲンでの生活が少し落ち着いてくると今度は、この街を見て回るようになります。山に囲まれ、海や湖から遠い京都の街と違って、コペンハーゲンは海岸に位置し、運河や湖の多い、水のある光景が美しい所です。街や建物のサイズも大きくなく、徒歩や自転車での移動が容易です。美術館なども身近に点在し、当時は入館無料という所も多く、足繁く通えました。好きな所を何度も訪れるうちに、居心地のいい、お気に入りの界隈も決まってきました。それが王立工芸博物館（現在のデザインミュージアム・デンマーク）とその周辺にある骨董屋やオークションハウスです。このような所で多くの名品優品に接するうちに、私は美術工芸品や人間が作り出す仕事が本当に好きなのだということを確認しました。私にとってオアシスのような所であった工芸博物館付属の図書室で、歴史や技法や様式などを知ることができ、書物を通して学ぶ喜びも実感しました。また、かつて、〝ジャポニズム〟という形で現われた日本の美術工芸の欧米への影響を、ここでも目にして、日本のものにあらためて関心が向かうようにもなりました。私は、このミュージアムで二度の展覧会を企画監修し、そして、資料室で見た一枚の衣服がきっかけでコレクションも始めました。

　コペンハーゲンの一隅で出会った多くのものや人々。今、骨董や美術工芸とかかわりながら、京都とコペンハーゲンを往復している生活を考えると、この街は私に門を開いてくれた、懐の深い、とても大きな街といえるのかもしれません。

左ページ上右　王立図書館の新館。黒御影石の外壁が有名で「ブラックダイヤモンド」の異名をとる。上左　王立図書館、旧館の中庭は、市民の憩いの場でもある。下右　王立工芸博物館のテキスタイルの部屋で、学芸員キアステン・トフトゴードさんと。下左　18世紀の北欧の洗礼服。白地に白糸で施された刺繍がみごとだ。ユキさんのコレクションの発端となった一枚。（下2点の撮影・Sus Bojesen Rosenqvist）

ルイジアナ現代美術館は、世界で最も美しい美術館の一つ。ヘンリー・ムーアの野外彫刻を見上げるユキさん。対岸は、スウェーデン。

ある日、知人の骨董屋に、入手の奥義のようなものを尋ねました。彼は「よいものを見る目、ある程度の資金、そして度胸が大切」と言うのです。資金は買える範囲でと思っていますし、見る目もある程度は育ちます。度胸は……小心を自覚する私には少々気落ちする答えでした。

Part 2 使う

京都大骨董祭で、真剣なまなざしで品物を手にするユキさん。時にはルーペを取り出して吟味するが、購入するか否か、判断は早い。

和魂洋才
eclectic

和魂洋才　*eclectic*

私の実家には骨董と呼べるようなものはなく、ただただ本の重みで家が傾くようなところでしたが、小学生の私は夏休みの映写会でスクリーンに映し出される漫画の主人公より、会場のお寺の襖の絵や取っ手の細工に見入っていました。「お若いのに変わってますすね」と言われながら、骨董屋をのぞきはじめたのは高校生の時です。デンマーク人の夫と出会い、結婚を機に二五歳でコペンハーゲンに移り住みました。花嫁道具らしいものは持たずゼロに近い出発は、「これからすべて自分で選べる！」とうれしいかぎりです。右も左もよくわからない中、やがて一人でバスを乗り継ぎ、骨董屋、ギャラリーなどをめぐって、私の果てないもの探しが始まりました。当時の私のもの選びのフィルターはまだ日本生れ、日本育ちの純日本製です。それが徐々に変化していきます。「所変われば品変わる」「美しいものも背景あってこそ」と実感したのは、日本の竹製の棚をデンマークに持ち帰ったとき。店先ではあんなにすてきだったのに石造りの大きな空間の中では滑稽なほど不つりあいで、「サイズだけでなく存在感も大切」と了解し、以来ものが持つ力に、より注目するようになりました。図柄も日本と西洋では大きく違います。火を噴く獅子や双頭の鷲などを複雑に構成した西洋の紋章、日本の御所車《ごしょぐるま》や不思議な髪型の唐子《からこ》など、文化の違いといえばそれまでですが、お互いに頭をかかえてしまうものです。限定された地域の独自な伝統的、宗教的な意匠より、どの国の人が見てもわかる縞や格子など「グローバルな図柄を選ぶ」、これもものの選び、もの合せの中で学びました。そうして手もとに集まってきた国や地域、時代やスタイルの違うものたちをミックスして住まいや装いに新しいスタイルを作り出すのが、楽しい習性となりました。前のカラーページは新春用お茶のテーブルです。アルネ・ヤコブセンの布とジョージ・ジェンセンの真鍮のコーヒーポット、そして日本の漆。和と洋をミックスした、私流のしつらえです。

前の見開きの写真・右ページ　敷いた布はデンマークの建築家、アルネ・ヤコブセンが自作のロイヤルホテルのレストランのために自らデザインしたカーテンの一部。麻に金糸で市松模様を織り出している。真鍮のコーヒーセットはジョージ・ジェンセン製、一九七〇年代。持ち手のカーブがデザイナー、ヘニング・コッペルらしいポット。奥にあるのは明治時代の輪島塗のそば猪口、ガラス皿は一九六〇年代のスウェーデン製。

左ページ　昔、京都で入手した硯箱を菓子器に見立てて……。蒔絵の位置、梅鉢紋を進化させたような意匠もデザインのお手本のよう。

デンマークのテーブル

airy

INTERNATIONAL NUTIDS
ONSDAG D. 10 MAJ 1989
KUNSTHALLEN

デンマークのテーブル　*airy*

「伴侶を選ぶように、ものも真剣に選べば、収まる場所は必ず見つかる」私の好きな米国の女性室内建築家の言葉です。ある日、コペンハーゲンの行きつけの骨董屋で偶然、杢目《もくめ》がたいそう美しい飴色のテーブルを見てしまいました。デザイン、素材の扱い、作り、どれも全く申し分ない逸品です。必要も置き場所もないのですが、私が買わなければすぐに誰か他の人の手もとに行くのは確実です。私は彼女の言葉を思い出し、清水の舞台からまたもや飛び降りました。いつもこのような理由で家にやって来るものたち。主人と収まり場所を求めてあちらこちらと移動させる作業はなかなか楽しいものです。このテーブルは二メートル近い長さにもかかわらずすんなりと落着き場所を見つけ、今は京都の私のショップの入り口近くに収まっています。私が言わなければ皆、その存在に気がつかないほどのたたずまいです。近代の北欧のデザインは、豪華で立派なものより、適切な素材による、機能的で、無駄な装飾を省いた美しい線や形を追求してきました。詩情あるミニマリズムといわれるゆえんです。このテーブルも流線型の必要最小限に抑えられた薄い天板を、異なる作りの細いV字型の脚が支えるという、非常に軽やかな印象のものです。大統領選挙直前のケネディとニクソンのTV討論に局が選んだ二人のいすも、デンマークのものでした。シンプルで座った人物を際立たせる、二〇世紀の最も美しいいすの一つとたたえられるハンス・ウェグナーの〝ザ・チェア〟です。私も日本の狭い家での家具選びには、少しでも広く、伸びやかに感じられるよう心配りをします。特に、戸棚やケースは、床面が見えて広さを感じさせてくれる脚つきを、また部屋の中央に置くものは、いすであれば背も透けて、視界を遮らないような軽やかなものを選ぶようにしています。偶然手に入れたテーブルですが、機能も喜びも大きな、北欧らしいテーブルです。

前の見開きの写真　デンマークの、トーベ・エドワード・キムラーセンのデザインによるテーブル。一九四〇年代。天板の素材は樺。〝玉杢〟と呼ばれる、小さな丸い杢目が表われている。長さ一八〇センチ、高さ六三センチ、幅は最長部分八〇センチ、最短部分五〇センチ。脚はブナ材。実をいけたのは、黒と透明ガラスのコントラストが美しい花瓶で、一九三三年ごろ、スウェーデンのオレフォス製。五徳にのせたのは、木の幹の形、外皮をそのまま生かした盛り盆で、昭和初期、日本製。手前二つの平鉢と、花器は、伸びやかな線と釉薬が美しい、一九六〇年代のスウェーデン王立製陶会社製。

色絵磁器
decoration

色絵磁器 *decoration*

私が最初に買った骨董が何であったのか……残念ながら今では記憶にありません。テキスタイルだったのか、染付けや色絵の磁器であったのか……これらは骨董屋で当時も多く扱われていて、身近であったという状況を考えると、ほぼ、そのようなものであっただろうと思います。ヨーロッパでも今も多くの磁器が骨董屋で扱われています。そして、お城や博物館などを訪れると、かつて王侯貴族が集めたり作らせた磁器の展示室が設けられていたり、オークションでも磁器の売立ての日があったりと、ヨーロッパの人々の磁器へのあこがれや渇望がどれほどのものだったかが伝わってきます。そして、たいへん複雑な形状や、磁器の上の華やかな絵付けの装飾を見ると、華麗なものを好んだ、ヨーロッパの人々の嗜好が見えるようです。それがたとえ私たち日本人の美の基準と違ったとしても、一流の絵付け師による美しい色絵磁器は、確かにたいへん魅力的です。一方で私は、中国や日本の「墨に五彩あり」という、枯淡な墨色の中に豊かな色彩を見るような、繊細で深い奥行きを持つものにも心惹かれます。それで西洋の磁器を選ぶ時は、できるだけ量産システムが整う以前のものを選ぶようにしています。数が少なく貴重だという理由より、不純物が混じっていたり、少しゆがんでいたり、地肌にも味があったりして、今ではとうてい許可されないような天然の顔料が使われているものの、絵付けも奥行きがあって、何より華やかな中にも落着きや深い魅力を感じるからです。そうして選んだ磁器を飾る時は、ほかのものとのミックスは難しいのであきらめ、西洋の磁器だけを集め、程よさを大切にしつつ、パターン　オン　パターンのめくるめく豊潤な色や模様の世界を楽しむようにします。どこに置いても饒舌にその存在をアピールする色絵磁器ですから、にぎやかになりすぎないように気をつけ、強いスポットライトなどは避けて、棚なら下段に、できるだけひっそりたたずむように置きます。

前の見開きの写真・右ページ　チューリン（ふたつき深皿）、ロイヤル　コペンハーゲン（デンマーク）、一八八〇年ごろ。
左ページ　手前右から、双耳インク壺とペン皿、セーブル（フランス）、一八〇〇年代初期。小物入れ、アウガルテン（オーストリア）、一八〇〇年代初期。風景画のカップ、マイセン（ドイツ）、一八五〇～六〇年代。奥右から、ティーポット、ロイヤル　コペンハーゲン、一九一一年。ティーポット、ロイヤル・ドレスデン（ドイツ）、一九〇〇年代初期。双耳台つき杯、ロイヤル・ドレスデン、一八〇〇年代中期。

明の染付け

original

染付ナズナ煎茶碗

明の染付け *original*

「ペルシャ絨毯を選ぶ」という仕事の依頼を受け、一九八〇年代後半に何回かベールをかぶり、イランに行きました。食べ物はおいしいし、ヨーロッパでは経験することのできない興味深い旅ができました。フリータイムには骨董屋に案内してもらい、ある時は骨董屋の自宅まで押しかけていました。私は旅先でもの探しをする場合、いくつかねらいを定めて動きます。イランでのお目当ての一つは、ペルシャ製やこの国に伝わったカシミールの古い布を探すことでした。日本で〝毛《け》織《お》り錦《にしき》〟と呼ばれる、たいへん時間と熟練を要する美しい手織りの布です。幸い、ペーズリー模様の原型である「風にかしいだ薔薇の灌木」模様が織り出された、初期の断片をいくつか見つけることができました。初期のものには希少性や高い資料価値に加えて、シンプルで芽生えに似た初々しい勢いがあります。長い時の流れの中で複雑に変化し、もとの姿や本質を失い、爛熟《らんじゅく》への道をたどる多くのものたち。ペーズリーも最後には、長いアメーバのようになっています。少々の擦れや破損があっても、私は溌剌《はつらつ》とした力ある初期のものを選びたいと思っています。デンマークのロイヤル　コペンハーゲン社の食器

「ブルー・フルーテッド」もお手本にしたという、中国の古い染付けをいつか持ちたいと思っていました。願いはかなうものです。ある日、京都の骨董屋の薄暗い片隅で、見覚えあるブルー・フルーテッドと同じ青い小さな花のような染付け模様の煎茶碗を見つけました。小さな欠けがいくつかみとめられましたが、黒ずんだ木箱のふたの裏には「古渡南京薺茶碗」と箱書きがあります。あの、小さな模様はなんと！薺《なずな》（ぺんぺん草）の花だったのです。それから春の路傍のナズナを見てみると、茎から横に突き出て並ぶ、細い枝と種袋に目がとまりました。ブルー・フルーテッドの曲がった魚の骨のような模様のもとが何だったのか、謎が解けたように、わかりました。原点へとたどると、うれしい驚きや発見、感動もあるものです。欠けは銀継ぎをしてもらい、大切に使っている、ナズナです。

前の見開きの写真・右ページ　約一〇〇年前のロイヤル　コペンハーゲン「ブルー・フルーテッド」のチューリン。
左ページ　青みがかった白磁に呉須で青く染付けされたナズナ模様のある煎茶碗。見込みには花の一部なのか、変型丸紋が。明・後期に作られ、日本に渡来した。〝南京〟の呼称は、南京の港からの舶来品、珍奇なものや小さく愛らしいもの、または中国から渡来したものを南京と呼ぶ、わが国の慣習によるのか？

ワイングラス

green

ワイングラス *green*

デンマークに移ってしばらくは、小さな古い焼き物やアクセサリーなどを見たり買ったりしていた私ですが、やがて、なんとか本格的な骨董と呼べるような買い物をするようになりました。その最初のころに手に入れたものの中に、アール・ヌーボーとアール・デコの、ガラスの花器があります。植物模様の金属飾りを施した複雑にねじれた薄い作りのものと、シンプルで直線的な厚手のものです。また一つは透明ガラスに顔料を溶かし、もう一つは透明な二層のガラスの間に顔料を挟んで（サンドイッチ技法）、色づけされたものでした。全く違う方法で出された色は趣こそ違いますが、偶然にも二つとも半透明な濃い緑色でした。それまであまり気にすることのなかった色ですが、これをきっかけに緑色のものに注意が行くようになりました。緑は古代より生命やよみがえりの象徴としてもつかわれてきた色ですが、色彩心理学が発達していた西洋では、心落ち着かせてくれる目にも優しい色として、口答試験を受ける生徒の机や、TV出演のゲストの控え室など様々な所で多くつかわれています。そして、私は好みの緑を古いワイングラスの中に見つけました。ガラスの艶やかな深い緑は、グラス類が多く並んだ店先で、吸い込むように私の目を惹き、思わず手が伸びました。ほかのグラスより値段も高めで、数も少ないものですが、以来コツコツ、数を増やしていきました。透明な白ワインができなかった昔に、濁りを隠すため生み出された色なので、やはり、古くシンプルであまり装飾のないものが魅力的です。この緑のグラスを食卓に並べると、室内に植物を取り込んだときのようにみずみずしく映り、私は普段の食卓には染付けや瑠璃色の食器と組ませ、また、クリスマスには少しの赤と合わせ、お正月には白磁に金や蒔絵などを取り合わせて、食卓に深みある落着きを出すようにしています。デンマークでは「緑（野菜）を食べている兎は眼鏡をかけていない」と言っては野菜を勧めますが、野菜同様、私にとって食卓に欠かせないのが、緑のグラスです。

前の見開きの写真　宙吹きならではの柔らかい輪状の波紋の影が、下に敷いたテーブルクロスに映ったワイングラス。グラスは通常、平底の筒型グラスをタンブラー、またはビーカー、ステム（足）つきをゴブレットと呼び形で分けるが、写真はすべてステムのあるもの。一九世紀初期〜一九世紀末のイギリス、スウェーデン、ボヘミア、デンマーク製。左上は松竹梅の蒔絵のふたつき銚子、江戸時代後期。

ボヘミアの
ゴブレット
brilliance

ボヘミアのゴブレット *brilliance*

デンマーク語もよくわからない時期から、私は一人でコペンハーゲンのオークションに出かけていました。下見会が数日あり、競りも、新参の外国人には価格を英語で反復してくれ、「買い」のサインは挙手でよかったのです。このゴブレットもそのころオークションで入手したものです。下見会でもどこでも、ものを見る時、私は第一印象を大切にしています。心が動かされるほどに強く惹かれるものがあればしばし眺め、そしてなぜ心惹かれるのか？いろいろなチェックポイントを検証し、最後に「やりくり算段しても手もとに置きたいほどいいものと感じるか」と再び感性に問いかけます。このゴブレットは多面に削られて、様々に輝く光の面と彫りによる半透明な影が透けて重なり、古いクリスタルの深みある落ち着いたきらめきが私の心をとらえました。「よし！買おう！」と心に決め、競りの当日、心臓が高鳴る中、挙手を何回か繰り返し、ようやくハンマーが打ち下ろされ、そのハンマーを持つ手が私に向かって、あなたに落ちたと合図しました。日本家屋にガラス(窓)は合わないとイサム・ノグチは言っています。畳や障子、土壁に木、すべて、光を吸収する柔らかい素材でできた純日本空間の話です。しかし私はあえて、京都の土壁と木の床と天井の空間で、硬質で、光を透かし、反射する唯一の素材、ガラスをいろいろと取り入れて、古いものに潜むモダンな側面を引き出す工夫をしています。例えば、李朝のたんすの上の時代ものの籠や陶器の壺の横に、古い透明なガラスの容器や鉢を置いてみます。こうすると辺りの空気は張りつめて、籠や陶器はモダンな様相を見せてくれます。ガラス自身の透明さ、硬質さがより引き立つようです。洗面所のわら入りの土壁にも、厚い透明ガラス板を木の棚代りに渡し、硬質な輝きを取り込んでいます。ガラス棚は土壁を背景にきらめき、またガラスの断面は輝くモダンな水平線を描きます。光恋しい北欧の冬の経験から学んだ、ガラスの効用です。

前の見開きの写真・右ページ　一八五〇〜六〇年代ボヘミアの、ビーカーと呼ばれるステムのないグラス。六角に面取りし、森の木々や鹿たちが彫られている。
左ページ　一八二〇〜三〇年ごろのボヘミアの、鉛を多く含んだクリスタルガラスのゴブレット。トロリと丸い水晶のようななめらかな手触り、手に持つとズシリと重い。右ページのグラスと同様、森の中の鹿たちの図柄が、厚手のクリスタル面に深く浅く遠近を表現しながらこまやかに描かれている。ステムとカップ部と底のバランスもとてもよい。

李朝の壺

rustic

李朝の壺　*rustic*

「もしも、たった一つの骨董だけ持つのを許されるとしたら、何を選ぶか？」という設問で昔、日本の骨董仲間たちと、談議したことがありました。ワイワイいろいろな意見が出た最後にいちばん多かった答えが、李朝の焼き物でした。実際、「多くの日本の骨董好きは焼き物好きで、そのまた大半の人は李朝の焼き物を好む」と言われています。西洋で同じ質問をすると、きっと、多岐にわたる分野の思い思いの答えが返ってくるように思えますし、日本で今もまた同じ答えが返ってくるか興味深いところです。そして自国の焼き物でもないのに、私たち、日本人はなぜこれほどに李朝の焼き物を賞賛し続けてきたのでしょう。長い、茶の湯の文化によって培われた美意識や、畳や土壁などの柔らかい材質の住空間に育まれたDNAが、磁器であっても陶器のような温かみある肌合いを好み、また西洋的な完璧な形よりおおらかな李朝の姿に惹かれるなど、理由はいろいろに考えられます。実は私も前述の質問に朝鮮半島の焼き物と答えた一人ですが、中でも、染付けなど装飾のあるものや、宮廷使用の官窯のものより、一般の人々が種やみそなどを入れ、日常に使っていた、飾り気のないシンプルな壺により強く惹かれます。前のカラーページの壺も、李朝の焼き物を何点か持っていた京都の骨董屋で選んだものです。形も素直で不均整な中にも均衡がとれていて、自然に現われたシミや貫入も味わい深く、何より私にとって大切な力強さがありました。そして和洋、新旧、どんな空間にも合ってくれ、ただ置くだけでもしっかりと落ち着いたたたずまいを見せてくれますが、花器として使うと、いっそうその特色が際立ちます。花と競わず、花を引き立て、壺自身の味わいもより際立ちます。私は薔薇など華麗な花をいけるときは、綺麗にカットされたクリスタルの切り子の華やかにきらめく花器よりも、飾り気のない、素朴な、しかし、花に負けず、しっかりと存在してくれる李朝の壺のほうを、好んで使います。

前の見開きの写真　左ページは、こぼれるように咲き誇るオールドローズたちを受け止めてゆったりとたたずむ、李朝の壺。種や穀類を入れていたものだろう。晴れ晴れと青みを帯びた白磁がすがすがしく、シミなどの景色も味わい深い。約二〇〇年前の朝鮮半島北部の民窯のものだろう。右ページは同じ壺を上から見る。内にも釉薬がかかった様子がわかる。

北欧の炻器

scandinavian modern

北欧の炻器

scandinavian modern

北欧に関しての情報は、今でこそ多くなりましたが、私がデンマークに来た一九七〇年当時はないに等しい状況で、予備知識のほとんどない、あるのは時間と好奇心だけという、なんとも頼りない、デンマークでの生活の始まりでした。近所の地理や交通手段、買い物などの必要なことを覚えると、やがて足は美術館やギャラリー、骨董屋などへとのびていき、ゆっくりと多くの絵画や彫刻、現代工芸、骨董なども見て回ることができました。そんな中であるタイプの焼き物の存在に目がとまるようになります。土器でも陶器でも磁器でもない、今まで見たことのない種類の焼き物です。一様に、形がとても計算されてシンプルで、その美しい形を強調するように、洗練された釉薬に覆われて硬く焼き締まった肌合いを持っています。それが、炻器《せっき》（ストーンウェア）と呼ばれる高温焼造の焼き物で、北欧では、日本や中国の陶磁器の形や釉薬をお手本にしながら独自のスタイルを確立し、特に一九三〇年～五〇年代に名品が多く作られたことなどが、少しずつわかってくるようになりました。また、底に記されたイニシャルから作家や窯の名前も徐々に読み取れるようになっていきました。そして近年、シンプルでモダンなインテリアがもてはやされるようになると、この北欧の炻器の欧米でのコレクターやファンも更に増え、市場からこれらの焼き物が少なくなるのと反比例するように、インテリアや建築雑誌でこの焼き物を室内空間に取り入れた写真をよく見かけるようになりました。日本の焼き物は上から見る見込みの美しさを非常に大切にしますが、北欧の炻器は横から見てこそ、線や形の美しさが際立ちます。雑誌でも横からの姿に重点を置いて、家具や棚の上など高い位置に配している写真が目につきます。私は、焼き物やほかの形ある立体的なものは、横からの姿を大切にし、棚の中でさえ、どの段に置くと形が最大に引き立つのかを考慮して、置き場所を見つけるようにしています。

前の見開きの写真・右ページ　油滴斑の出た黄土釉のかかったティーポット。籐を巻きつけた取っ手に日本の影響がうかがえる。サックスボー窯、一九五〇年代、デンマーク。
左ページ　釉薬が溶けて素地と一体化し、石のように堅く、重い炻器、三点。右は、青に兎の毛のように細く黒い線が無数に現われた、兎毛斑が美しい一点。ろくろの天才といわれたバーント・フリーベリによるもの、スウェーデン。中央は、パルスフウス窯（デンマーク）のボウル。左は、褐色の兎毛斑の長首瓶型をしたグンナー・ニユールンドデザインの作品。三点すべて一九五〇年代。

ある時画家が、日本から持ち帰った不動産広告のチラシを数枚壁にはり、そのチラシから想を得て描いた油絵がイーゼルの上にのっているのを見て、その目の独自性に驚かされました。アーティストの目や思いも、私のものを見る先生となっています。

Part 3 心を潤す

舟越保武作のブロンズ「ローラ」を愛でるユキさん。舟越さんは、敬愛する彫刻家の一人。

顔

features

顔 *features*

学生時代、アルバイトをしていた美術館で一枚の絵が盗まれました。ロートレックの娼婦「マルセル」像です。金銭目的ではない盗難だったのですが、他の絵ではなく、優しさと気品ある顔の「マルセル」であったのに私は妙に納得してしまいました。犯罪にかりたてるという極端な話はよほどとしても、古今東西の芸術品の中には確かに、人の心をとらえて離さない顔というのがあるものです。顔は、画家や仏師や彫刻家などが人物や生き物を表現するとき、いちばん心砕いている部分です。とりわけ目と口もとには心血を注いでいます。ミケランジェロのハート形の瞳や「モナリザ」の口もと、瞳が下まぶたをはみ出した目をしたピカソの女性の顔、などなど……作者が様々な工夫と習作を何度も試みて昇華、完成させた顔は、現実の姿を超えて見る人の心に深く響きます。私も、そういう心打つ顔、心に響く顔に惹かれます。作品の中にたとえ小さくても人物を見つけると、のぞき込むように顔を見ます。顔がきちんと描かれているか?その顔だちや表情は?……と、顔が作品の大きな判断基準ともなります。前のページの陶器のトルソーも、優しさと静けさをたたえた名状しがたい表情に心惹かれました。髪型や肩の角度等も申し分ないのですが、この作品を大きく決定づけているのはやはり顔です。黒人がモデルであるようにも見えました。また作者の自信、愛着ある作品だったのでしょう、違う釉薬で何体か作っており、二〇年以上前に最初の一体を見つけて買い求めて以来、出会うたびに手に入れ、合計七体になりました。どれもいつまでも飽きず眺めていられます。もう一枚の写真の観音像も、金箔はほとんどはがれ、木も枯れたような状態で、トルソー同様、最初は作者や時代や出所など全くわからなかったのですが、静かに内面を観るような半眼と、微笑む口もとのふくよかな顔だちに強く惹かれました。そしてトルソーも木像も、見る私の心を浄化してくれるような気品が備わっており、私はこういう顔を眺めては、喜びと心の平安をもらっています。

前の見開きの写真・右ページ　観音像は鑑定してもらい、一五世紀に中国南部で作られた像であることが後日わかった。手や衣のひだ、冠や首飾りなども美しい。
左ページ　陶器のトルソー。デンマークのミカエル・アンダーソンの作品で一九三〇年代、アール・デコ期のもの。このころ、ジャズの影響で高まった黒人への関心が、この作品にも反映されているように見える。これは総数七体のうちの№７。ほかに、グレーや黒、緑の釉薬のものもあった。高さ約一四センチ。

絵画
painting

15.11.1
堂本印象素描画

絵画 *painting*

今でこそ、コペンハーゲンの我が家には家具や調度のいろいろが人並みに収まっていますが、デンマークに移り住んでしばらくは、たいへんシンプルな住まい方をしていました。嫁入り道具を持たない私と、長期の滞在を予定して日本に行く前に家具等を処分した主人と二人で、「昔の日本のように床に座り、シンプルに美しく暮らそう」と、木の床に座卓とクッションと緑の植物、就寝もすのこにマットレスという低い目線の住空間を作っていました。その結果、天井は高く感じられましたが、絵や鏡、お皿など多くの壁面装飾に慣れているデンマークの家族や友人たちから「壁に何も掛けないの?」と聞かれたりしました。そして何より、床に座れない人や不慣れな座卓での食事に不平も聞こえ、間もなくソファや食卓を買い、いすの生活をするようになりました。ところが、床に座っていた時には潔くすっきりと見えた白い壁も、家具を入れ、目線が上がると、そのソファの上の壁や、食卓に腰掛けると目にする前の壁面などが気になりだしました。それで私は好きな絵を少しずつ探し出し、間が抜けたように感じる空白を、絵で埋めることにしました。購入のルートはオークションや骨董屋、蚤の市、画家から直接というのもあります。選ぶ基準は第一に好きかどうかの主観ですが、値段ももちろんいつも重要な決定要因です。見た瞬間に強く惹きつけられる何かを感じたら、じっくり、時には携帯のルーペを使ったりして見ます。カタログや売り手の説明なども参考にしますが、最後の決定はやはり主観です。前のカラーページの絵は京都のオークションで最近出会ったもので、画家の習作です。丁寧で正確に描かれた黒い線と、印象的な赤の陰影による花の表現は、画家の力量をまちがいなく伝えてくれ、強く惹かれました。一八〇平方メートル4LDKの今のデンマークの住まいには、数えると大小様々な絵が合計二八枚、空間のバランスを熟慮しながら掛けてあります。「シンプルに」という最初のもくろみはみごと消えましたが、好きな絵を眺め暮らす喜びは、ひとしおです。

前の見開きの写真　繊細で正確な黒い線と、透明感ある淡い葉の緑、花の濃い赤と白の顔料のコントラストはみごとに鶏頭（けいとう）を表わしている。モダンに……また赤を引き立てるため、購入当時の濃い茶色の木の額を、銀箔仕上げ（黒くペイントし銀箔をはってめのうで磨く）にした。堂本印象の名と制作年月日が下に記されている。鑑定はまだ行なっていない。

供養具

afterglow

供養具 *afterglow*

若い時に茶の湯を少しはたしなみ、きちんと日本の古典文学に親しんでいれば、もっと早くから心して聞いていたであろう〝名残《なごり》〟という言葉。あまり気にせず聞き流していたのが、日本を離れ外から見るようになって、心に留め、考えるようになった言葉の一つです。名残……例えば暑い夏の盛りを過ぎ、穏やかに移ろう秋の深まりの中に、かすかに漂い残る過ぎ去った時の余韻や気配。それをしみじみといとおしみ「もののあはれ」と表わす日本人の、繊細で美しい感性。古人はいろいろな現象の中にも、いかにものあはれを感じています。もちろん、西洋でも、立ち枯れた花や茶色い冬の野面《のづら》を見て、みずみずしく匂い立つ花や輝く青い草原を懐かしみ、その気持ちを文学やアートなどに残したりしていますが、名残の気持ちは、日本人のほうが圧倒的に大きいように思います。ヨーロッパの中で私が、名残のようなものを感じる一つに、古い教会の中で見る内面装飾のくすんだ金色があります。薄暗い中に浮かび上がるように深みをたたえた古い金色から、往時のきらびやかだった姿が目に浮かび、時の移ろいの優しさや温かさを感じます。また、何年か前に、デンマークのオークションの下見会で出会った中国の明時代の香炉にも、同じような思いを抱きました。黒ずんだ青銅に鍍《と》金《きん》(金めっき)が斑紋《はんもん》状に施された端正な香炉で、その控えめな優しい輝きに、ほのかにぬくもりを残した熾《おき》のような存在を感じました。残念ながら、競りではどんどんと値段が上がり、競り落とすことはできませんでしたが……。以来、古い鍍金に目がいくようになりました。初期仏教のころの小さな金銅仏などと大それたことは思いませんが、いつか私も、何か古い鍍金のものに出会えるのを楽しみにアンテナをはっていました。そして、京都のオークションで出会ったのが、前のカラーページの、お寺の供養具の一対です。こちらは幸い、翌日の競りで私のものとなりました。聞き流し、見逃していたかもしれない日本の、心と物です。大切にしたいと思いました。

前の見開きの写真・右ページ　脚つき四方瑞雲紋鍍金香炉。ふたには菊が透しで彫られている。明治時代。
左ページ　青銅に水銀で鍍金が施された、流れるように自然なフォルムの供養具一対。桃山時代後期〜江戸時代初期。京都の智積院のものであることが彫りでしるされている。後ろの布は、手織り手刺繍のインドネシアの儀式用布。二〇世紀初期。

プロペラ
white elephant

プロペラ *white elephant*

ある日、コペンハーゲンの我が家に、子どもの学校の父兄が集まることになりました。お茶の用意を買って出てくれた日本人のお母さまが、デンマークでは多くの家庭で使われ、どこでも見られるコーヒーメーカーがないのに気づき、あきれたような顔で「貴女の家には、いろいろ珍しいものはあっても便利で必要なものがない」と言いました。そう言われて考えてみると、食器洗い機はなく、洗濯機も地下の共同のものを使用し、コーヒーはメリタの紙フィルターです。こんなぐあいに、確かに我が家は、あれば便利、または最新技術を満載したというようなものは少ないかもしれません。その代り（?）メソポタミア出土の白鳥の形をした石の分銅や、てのひらを上に向け優しいポーズの古い仏像の手や、イギリスの籐製長靴用シューキーパーなどが、家具や棚の上に鎮座しているような家です。しかもこの、はるか昔に役目を終えて、もはや用をなさなくなった分銅やシューキーパーが、私の生活を心豊かで潤いあるものにしてくれる、必要なものなのです。英語で「無用の長物」のことをwhite elephant（白い象）といい、インドで白い象を見たイギリス人が「珍しく、ありがたいのだろうけれど、運搬労働にも使えない」と思ったからなのでしょうか、その比喩の的確さに感心させられる言葉です。そして最近、骨董屋で一目見て心惹かれて買った、前のカラーページの飛行機のプロペラなども、人によっては、〝白い象〟ともなりかねないものです。いったい、どんな木で作られているのか？重く、背もあり、運搬にも苦労しました。しかし、かえでの種にも似た、自然で流れるようなそのフォルムは本当に美しく、しっかりしたたたずむ強い存在感は、白い象どころか優れた彫刻として、見る者に深い喜びを与えてくれるように思うのです。私にとって、こういう、とびきり無駄なようなものこそが、少々便利なものより、はるかに大きい精神的な贅沢感、満足感を与えてくれます。一見、無用に見えるプロペラですが、なくてはならない、私の心の栄養源です。

前の見開きの写真　一木から削り出し、なめらかに磨き上げた、流れるような流線型のプロペラ。表面にはられた麻布やはげた塗料を通して、風の流れのような線を描く美しい木目が見える。重さや木の密度から南洋材と思われる。天平時代の乾漆像を思わせ、またモダン彫刻のようでもある。第二次大戦中のものと教えられた。右ページ写真は、一部を拡大したもの。

日本の襤褸
modern art

日本の襤褸 *modern art*

一九八七年、私はデンマーク王立工芸博物館で、友人と二人で日本の古いテキスタイル展を企画監修したことがありました。織りによる縞や格子や絣布が中心の、簡素な美を見せる展覧会でした。その展示品の中に、日本美術史家で陶芸家でもある、そのデンマークの友人が選んだ布団皮がありました。汚れもある、つぎはぎだらけでぼろぼろの布です。貧しさばかりが目立つこのぼろ布を、古くても保存状態のいいほかの布と並べて見せることに、私は観客がどのように見てくれるのか少々心配でもありました。そして現場に立ち、反応を見聞きしていると、「とてもモダンだ」「アートだ」と多くの人がポジティブな反応を示してくれるのです。確かに西洋では、モダンアートが一般に深く根づいていて、汚れやつぎはぎもモダンアートを見るような目で見ているのです。そう言われて私もよく見てみると、子どもの絵のように作意がなく、原始美術に似た力強い美しさを持っていて、感覚に直接訴えてくるモダンアートに通じるものがあります。観客の成熟した目に私は多くを教えられた思いでした。そして、この日本の布が襤褸《ぼろ》(またはランル)と呼ばれ、アーティストや数寄者の間で秘かに人気のコレクターズアイテムであることも、後年知りました。いつか私も心動かされる一枚の襤褸に出会えるのを楽しみに、何枚かを見てまわりました。そして、去年出会ったのが前のカラーページの一枚です。畳まれた状態を上から見たとき、布はひどく擦り切れていて、そこから見える様々な布に、まるで油絵の具を塗り重ねながら下の色を見せたような味や、おもしろみが感じられました。広げると、布のつぎはぎぐあいや色合いのおもしろい、色面構成が現われました。あの展覧会以来、モダンアートという基準が私のもの選びの目線に加わり、ものの見方が広がったように思えます。貫入の入りぐあいのおもしろい李朝の壺や、陶器の釉薬の作る景色、根来盆の下地の黒の表われぐあいや玄関のドア用の板のシミ、古い倉の銅の窓のさびぐあいなど、モダンアートを意識に加えて選んだものの一例です。

前の見開きの写真　みごと（?）なまでに身近な布でつぎはぎし、刺し子がなされ、とことん使い尽くされた、和製キルトとも呼べる一枚の厚い襤褸。必要から生まれた仕事であるのが、ストレートに伝わってくる（ほとんどが藍染めの綿布で、一部茜やほかの植物染料のものも見られる）。江戸末期〜明治時代。右ページ写真は、一部を拡大したもの。

白いもの

shading

白いもの *shading*

東京・青山の根津美術館の数々の名品の中に、私の好きな絵の一つ、国宝「那智滝図」があります。鎌倉時代に描かれたこの絵は、信仰の対象である滝が、細長い画面に大きく白く荘厳な様子で描かれ、濃い茶色に変色した背景の中からまるで生き物のように浮かび上がる、際立つ白がたいへん印象的な絵です。白はこの絵だけにかぎらず、非常に目立つ色ですが、それも、白はすべての光を反射する色である（反対に黒は目に見えるあらゆる光を吸収する）という物理学的な説明からも納得でき、色と光に敏感な画家たちは、白い色をたいへん重要視してきました。そして、日本でこの白の真の美しさが発見されたのは、水墨画の影響を色濃く受けた鎌倉時代といわれます。私の場合、高校生の時に目にした、アメリカの雑誌の白いインテリアに触発されて、木の机や本棚を白いペンキで塗ったり、ギャザーをたっぷり入れた薄地の白いカーテンをつるしたりしたものですが、今思うと、それらはなんとも平淡で飽きのくる白でしかありませんでした。そんな私がヨーロッパに来て、平板でない深い白の美しさに目覚めました。古い灰色みを帯びた手織りの麻や、柔らかで滋味豊かな白の陶器、ペンキもはげて味わいを深めた白い木など、良質な素材と誠実な仕事が時を経て、真に美しい白になっているのを多く見ました。また、それらの白を集めて、調和と統一のとれた落ち着いた雰囲気のインテリアをいろいろ見るうちに、私の中に美しい白のイメージが定着していきます。そして、素材が何であれ、心惹かれる白いものに出会うとついつい買い求めてしまうようになりました。結果、我が家の室内空間には白いものが多くなりましたが、決して過剰な装飾にならず、むしろ、深い落着きを作ってくれているように思えます。また、夏の服装も、涼しげで清潔な白を好んで身につけますが、この白い装いで気をつけるのも平淡でない白です。白い木綿のシャツブラウスをベースにして、その上にほかの色を重ねるのでなく、味わいある白のストールやアクセサリーを重ねて、白をより深めるようにしています。

前の見開きの写真・右ページ　棚の上に集まった、時代や国や素材の違う白いものたち。後列左より白化粧釉の皿、一四世紀、中国。白い羊皮カバーの祈禱書、一七一八年、ドイツ。A・バング作の炻器、一九三〇年代、デンマーク。その後ろも北欧の炻器。前列左の珊瑚に掛けてあるのは古くて白い天然石や真珠で作られたネックレス。右端は艶と深みがある古い象牙のブレスレット。
左ページ　異なる素材の、多彩な白を組み合わせた装いで。

二都の見どころ

京都

大徳寺・高桐院玄関からの眺め、書院、壁

禅や茶の湯の文化の宝庫のような大徳寺。中でも高桐院は自然で親しみやすいたたずまいで、好きな塔頭の一つです。開け放たれた襖越しに見える額縁に切り取られたような庭や、利休邸を移したといわれる意北亭、そこに至る廊下の壁も現代アートのようにも見えて心惹かれる場所です。

（撮影・安河内 聡）

• 京都市北区紫野大徳寺町73-1
Tel: 075-492-0068

御室、広沢の池

東山で生まれ育った私にとって、御室周辺や広沢の池は、別次元の感じがする所です。近代化などという言葉とはほど遠い、遥か昔の京都が残っている、そんな一帯です。とりわけ広沢の池を眺めていると、時間のたつのを忘れてしまいそうです。

琵琶湖疏水の並木

東山のなだらかな山々を背に、豊かな水をたたえ、静かにゆっくりと流れる疏水。その水面に張り出す桜の大木の、伸びやかな枝。この景色に出会うたび、ヨーロッパの古い町にいるような深い落着きを覚えます。花の季節に限らず、若葉や紅葉の時も、そして雨の日もすてきです。

銀閣寺垣

子どものころから何度も訪れ、親しんだ銀閣寺。垂直に刈り取られた艶やかな緑の椿の垣根と白川砂の地面に囲まれた、入り口に広がる世界は、空間という概念を強く意識させてくれた場所です。これにならい、狭い我が家の蔦の塀も高さを持たせ、落着きを出すようにしました。

• 京都市左京区銀閣寺町2
Tel: 075-771-5725

安藤忠雄建築の京都府立陶板名画の庭

京都府立植物園の一隅にある野外の陶板庭園。名画を陶板に転写した人工的な作品群を鑑賞する場でありながら、そこを歩くと光や風、緑や水の音など、自然の気配が感じられる巧みな空間設計に感心します。

• 京都市左京区下鴨半木町
（京都府立植物園北山門出口東隣）
Tel: 075-724-2188

上賀茂神社の社家の家並み

長い外国暮しを経験して再発見した、日本の精神のよりどころの一つが、上賀茂神社の神聖なたたずまいでした。その前の社家群も、住居として調和のとれた質の高い日本家屋で、その美しさには、今さらながら驚かされます。夫が日本に滞在する時には、自転車での遠出コースでもあります。

• 京都市北区上賀茂本山339
Tel: 075-781-0011

東寺の木造建築

人のまばらな早朝に見る東寺の塔や金堂、講堂は、中世の大聖堂を遠くに近くにいただくヨーロッパの光景を彷彿させます。金堂や講堂に近づいて見上げると、その力強く美しい木造建築に圧倒され、多くの画家が好んで描くのも理解できます。

• 京都市南区九条町1番地
Tel: 075-691-3325

龍安寺の石庭

桂離宮や龍安寺の石庭は、まぎれもなく世界に誇れる日本文化の粋でしょう。外国の知人を案内して拝観するたびに新しい発見があり、感嘆させられます。時空を超えた広がりを感じる大切な場所です。

• 京都市右京区龍安寺
御陵下町13
Tel: 075-463-2216

二都の見どころ

コペンハーゲン

ルイジアナ現代美術館(p.64)
Louisiana Museum of Modern Art

絵画、彫刻、ビデオ、インスタレーションまで、世界有数の現代美術のコレクションを誇り、コペンハーゲンの北約35キロ、デンマークとスウェーデン国境の、対岸にスウェーデンを望む地に立っています。建物は、個人邸宅を増改築、広い庭園には野外彫刻がゆったりと配され、空間すべてを鑑賞する醍醐味にあふれる場です。

• Gl. Strandvej 13, 3050 Humlebæk
Tel: +45 4919 0719
http://www.louisiana.dk

オードロップゴー美術館(p.4) フィン・ユール自邸
Ordrupgaard

フランスやデンマークの印象派絵画のコレクター、ヴィルヘルム・ハンセン夫妻が1918年にオープンした、小さな森の中の美術館。「印象派に関連した興味深い企画展を開催するなど、小さいけれど充実した美術館です」とユキさん。ロンドンを拠点に世界的に活躍する女流建築家、ザハ・ハディド設計の新館、1950年代に活躍した巨匠フィン・ユールの自邸と、それぞれの建物での展示が楽しめます。

• Vilvordevej 110, 2920 Charlottenlund
Tel: + 45 3964 1183
http://www.ordrupgaard.dk

デザインミュージアム・デンマーク(p.63)
Designmuseum Danmark

ハンス・J・ウェグナーや フィン・ユール、アルネ・ヤコブセンといった20世紀を代表する人々がデザインした家具の常設展示ではよく知られていますが、一方で日本刀の鍔や、陶磁器やテキスタイルなどヨーロッパの手工芸のコレクションにも力を注いでいて、多彩な見どころを持っています。ユキさんのコレクションのきっかけとなった18世紀の北欧の洗礼服は、ここの収蔵品。テキスタイルのコレクションの一部は「テキスタイル・スタジオルーム」でゆっくりと見ることができます。

• Bredgade 68, 1260 København K
Tel: +45 3318 5666
http://www.designmuseum.dk

王立図書館新館、ブラックダイヤモンド(p.63)
The Royal Library, Black Diamond

図書館としては、1906年に建てられた旧館、1968年に増築された「ハンセン館」、1999年に完成した新館「ブラックダイヤモンド」という、三つの建物で構成。特に新館は、カフェ、レストラン、コンサートホールを併設するなど多目的に使われ、親しまれています。旧館の中庭は、都会の中のオアシスといった趣があります。

• Søren Kierkegaards Plads 1, 1016 København K
Tel: +45 3347 4747
http://www.kb.dk

ニュー・カールスバーグ・グリュプトティーク
Ny Carlsberg Glyptotek

市内中心、チボリ公園の隣にある美術館。ビールメーカー、カールスバーグの創立者の息子、カール・ヤコブセンのアートコレクションを展示するため、1897年に作られました。古代エジプトやギリシアの彫像から、フランス印象派の絵画までと、幅広い収蔵品が魅力。特にゴーギャンの作品は、妻がデンマーク人だったこともあって、デンマーク時代の作品が見られます。

• Dante Plads 7, 1556 København V
Tel: +45 3341 8141
http://www.glyptoteket.dk

ヨーゲン・L・ダルゴー
Jørgen L. Dalgaard

オーナーのヨーゲンさんは、学生時代に日本語を学んだことからジャポニズムに興味を持ち、1973年にこのギャラリーをオープン。ユキさんがコペンハーゲンに移住して間もなく知り合いました。「ものを選ぶ目、方向性、豊かな知識……。大いに学ぶところがある信頼できるオーナーです」とユキさん。

• Bredgade 28, 1260 København K
Tel: +45 3314 0905
http://www.jdalgaard.dk

イスラエル広場の蚤の市(p.61)
Loppemarked, Israels Plads

デンマーク国有鉄道のノアポート駅に近いイスラエル広場では、毎年4月から10月の土曜、蚤の市が開催されます。朝8時のオープン直後から人が集まり、掘出し物探しに余念がありません。ユキさんは、自宅が近いこともあって時間を見つけては通うそう。出店者は骨董商などの業者が主流で、扱うのは陶磁器や照明器具、キッチン用品、古いレコード、本、布地など、多彩な品ぞろえには驚くばかり。値段交渉も楽しみの一つです。

• Israels Plads, 1361 København K

(コペンハーゲン取材協力・冨田千恵子)

おわりに

　私が折々に出会い、買い求めてきた作品やものについてつづった『ミセス』の連載を、本にまとめることになりました。本作りがどれほどの作業を必要とするのかもわからず引き受けたのですから、知らないということは恐ろしいものです。連載のどれを選び、どれを外すか？から始まって、多くの仕事をクリアーして（幸い私自身の仕事はヘビーではなかったのですが）、まとまったものを今、眺めると、やはり、バラバラに連載を見ていたのとは違って、気づいたり認識させられることが少なからずありました。

　自然も人間が作ったものも私は好きですが、目が向く対象が、ジャンルや国や時代などあれもこれもと、とりとめなく広がっていて、自分でも節操ないなとあきれています。また、普段からハーレーダビッドソンや蒸気機関車など、メカニックなものも美しいと思っていますが、襤褸《ぼろ》やプロペラや化石などに惹かれる、私の内なる男性的な目もこの本で確認しました。そして、美しさの基準、物差しが、昔と比べて変化しているのに気づかされます。印象派の絵のように、日の光が中から拡散して輝きを放つような、華やかなものに惹かれる時期もありましたが、あらためてこの本を眺めると、最近は、渋く落ち着いたものの深いところに潜む、力や気配のようなものに惹かれているように思えます。

これらのことを私に気づかせる本をまとめてくださった、書籍担当の青戸美代子さん、カメラマンの鈴木心さん、『ミセス』連載担当の鈴木百合子さん、そして、デザインの木村裕治さん、後藤洋介さん。仕事とはいえご苦労をかけ、足を向けては寝られない人をまた増やしてしまったと思っています。大感謝です。

そして、想定外だったのですが、編集方針によりなぜだか私がお邪魔虫のように紙面を汚す形で出ています。中年以上の人には片目で接するデンマーク人の優しさにならって、スミマセン目をつぶってください！そして、作品やものは、どうかじっくりと見てください！

二〇一一年　秋深まりゆくコペンハーゲンにて　ユキ・パリス

ユキ・パリス
一九四五年、京都生れ。七〇年大阪万博勤務後に結婚し、デンマークに居を移す。以来、北欧を中心に様々な展覧会の企画、監修を手がける。
二〇〇二年、三十年来蒐集したヨーロッパの針仕事を紹介する私設ミュージアムとアンティークショップを併設した「ユキ・パリスコレクション」を京都にオープンする。

「ユキ・パリスコレクション」
〒六〇六-八四〇三
京都市左京区浄土寺南田町一四
☎〇七五-七六一-七六四〇
水曜、木曜定休
七月、八月休館
http://www.yuki-pallis.com

アートディレクション
木村裕治
レイアウト
後藤洋介
（木村デザイン事務所）
写真
鈴木 心
校閲
山脇節子
編集
青戸美代子
（文化出版局）

本書は、雑誌『ミセス』（文化出版局）に連載した「ユキ・パリスのずっと、物探し」（二〇〇八年一月号〜二〇一〇年一二月号）を中心に、加筆、修正してまとめたものです。

ユキ・パリス ずっともの探し
二〇一一年一〇月一六日 第一刷発行
二〇一二年 一 月一一日 第三刷発行
著者 ユキ・パリス
発行者 大沼 淳
発行所 学校法人文化学園 文化出版局
〒一五一—八五二四
東京都渋谷区代々木三—二二—七
電話 〇三—三二九九—二四八八（編集）
〇三—三二九九—二五四〇（営業）
印刷・製本所 株式会社文化カラー印刷

文化出版局のホームページ
http://books.bunka.ac.jp/